土壤环境与污染修复丛书

图说土壤污染与治理

吴龙华 等 著

科学出版社

北京

内 容 简 介

本书共分六章,首先介绍了土壤的物质组成、功能和地带性分布等基础知识,着重介绍了土壤中养分的含量、循环过程、植物缺素症状及主要肥料类型;随后介绍了土壤环境容量以及污染物的来源、途径、类型、特点和危害,强调了重金属污染对农田土壤微生态、作物生产、粮食安全和人体健康的危害;最后主要针对受重金属污染的农田土壤,介绍了农艺调控、替代种植、调整种植结构、生理阻隔等安全利用技术,以及植物吸取修复、钝化修复、客土法、深翻耕法等治理修复技术。本书尝试以形象、易懂的漫画为主,结合简短的文字描述,对土壤污染危害和治理修复技术进行宣传。

本书可作为具有中小学以上知识水平读者的科普性读物,漫画加文字的配置可帮助读者更好地理解书中内容。通过阅读本书,不仅可让读者认识土壤污染的危害,也可使其意识到土壤保护的重要性与必要性。

审图号:GS 京 (2022) 0011 号

图书在版编目 (CIP) 数据

图说土壤污染与治理 / 吴龙华等著 . —北京 : 科学出版社 , 2022.10
（土壤环境与污染修复丛书）
ISBN 978-7-03-073131-9

Ⅰ. ①图… Ⅱ. ①吴… Ⅲ. ①土壤污染—污染防治—图解 Ⅳ. ① X53-64

中国版本图书馆 CIP 数据核字 (2022) 第 168783 号

责任编辑:周　丹 / 责任校对:王　瑞
责任印制:张　伟 / 封面设计:许　瑞

科学出版社 出版

北京东黄城根北街 16 号
邮政编码:100717
http://www.sciencep.com

北京捷迅佳彩印刷有限公司 印刷

科学出版社发行　各地新华书店经销

*

2022 年 10 月第　一　版　开本:890×1240　1/32
2023 年 7 月第二次印刷　印张:3
字数:80 000

定价:69.00 元

（如有印装质量问题,我社负责调换）

《图说土壤污染与治理》
作者名单

主要著者：

        吴龙华   周   通   李欣阳   刘春辰

著者名单（按姓氏笔画排序）：

        王朝阳   刘春辰   李   柱   李欣阳   吴龙华

        范轶清   周   通   胡鹏杰   梁   芳

"土壤环境与污染修复丛书"序

　　土壤是农业的基本生产资料,是人类和地表生物赖以生存的物质基础,是不可再生的资源。土壤环境是地球表层系统中生态环境的重要组成部分,是保障生物多样性和生态安全、农产品安全和人居环境安全的根本。土壤污染是土壤环境恶化与质量退化的主要表现形式。当今我国农用地和建设用地土壤污染态势严峻。2018年5月18日,习近平总书记在全国生态环境保护大会上发表重要讲话指出,要强化土壤污染管控和修复,有效防范风险,让老百姓吃得放心、住得安心。联合国粮农组织于同年5月在罗马召开全球土壤污染研讨会,旨在通过防止和减少土壤中的污染物来维持土壤健康和食物安全, 进而实现可持续发展目标。 可见,土壤污染是中国乃至全世界的重要土壤环境问题。

　　中国科学院南京土壤研究所早在1976年就成立土壤环境保护研究室,进入新世纪后相继成立土壤与环境生物修复研究中心(2002年)和中国科学院土壤环境与污染修复重点实验室(2008年);开展土壤环境和土壤修复理论、方法和技术的应用基础研究,认识土壤污染与环境质量演变规律,创新土壤污染防治与安全利用技术,发展土壤环境学和环境土壤学,创立土壤修复学和修复土壤学,努力建成土壤污染过程与绿色修复国家最高水平的研究、咨询和人才培养基地,支撑国家土壤环境管理和土壤环境质量改善,引领国际土壤环境科学技术与土壤修复产业化发展方向,成为全球卓越研究中心;设立四个主题研究方向:①土壤污染过程与生物健康,②土壤污染监测与环境基准,③土壤圈污染物循环与环境质量演变,④土壤和地下水污染绿色可持续修复。近期,将创新区域土壤污染成因理论与管控修复技术体系,提高污染耕地和场地土壤安全利用率;中长期,将创建基于" 基准 – 标准 "和" 减量 – 净土 "的土壤污染管控与修复理论、方法与技术体系,支撑实现全国土壤污染风险管控和土壤环境质量改善的目标。

"土壤环境与污染修复丛书"由中国科学院土壤环境与污染修复重点实验室、中国科学院南京土壤研究所土壤与环境生物修复研究中心等部门组织撰写，主要由从事土壤环境和土壤修复两大学科体系研究的团队及成员完成，其内容是他们多年研究进展和成果的系统总结与集体结晶，以专著、编著或教材形式持续出版，旨在促进土壤环境科学和土壤修复科学的原始创新、关键核心技术方法发展和实际应用，为国家及区域打好土壤污染防治攻坚战、扎实推进净土保卫战提供系统性的新思想、新理论、新方法、新技术、新模式、新标准和新产品，为国家生态文明建设、乡村振兴、美丽健康和绿色可持续发展提供集成性的土壤环境保护与修复科技咨询和监管策略，也为全球土壤环境保护和土壤污染防治提供中国特色的知识智慧和经验模式。

中国科学院南京土壤研究所研究员
中国科学院土壤环境与污染修复重点实验室主任

2021 年 6 月 5 日

序

　　土壤是具有生产、生态、环境、工程、社会等多功能的历史自然体，是人类赖以生存和发展的物质基础和宝贵自然资源。但经济社会快速且长期粗放发展过程中，有毒、有害污染物的排放总量也较高，而土壤通常作为大部分污染物的最终受体，进入环境中的污染物如果超过土壤的自净能力，称之为土壤被"污染"。土壤污染，特别是耕地土壤重金属污染，是我国面临的主要土壤环境问题。耕地土壤重金属污染不仅导致土壤环境质量恶化，还危及到农产品质量和人体健康。大气污染和水污染一般都比较直观，通过视觉、嗅觉就能察觉。土壤污染往往比较隐蔽，通过感官难以察觉，需要利用土壤和农产品样品的检测分析手段才能确定，因此也容易被公众所忽略。

　　为实现到 2035 年"生态环境根本好转，美丽中国目标基本实现"的社会主义现代化远景目标，近年来国家政府部门及高校、科研、企业等单位联合，开展农用地分类管理，大力推进污染土壤农艺调控、替代种植、调整种植结构和生理阻隔等安全利用以及物理、化学、生物等治理修复工作，重点解决并突破了部分技术难点，逐步改善了土壤环境质量，确保了农产品质量安全。此外，随着政府信息公开的透明化、科普知识的社会化、知识获取渠道的多元化和公众认知能力的提升，社会公众对耕地重金属污染及农产品超标现象的态度，由早期的讳莫如深逐渐转为坦然面对，到如今的积极采取措施进行风险管控与治理修复。

　　然而在现有的社会发展水平下，认识和理解土壤污染带来的危害与相关治理修复技术，通常要求公众具备较高的知识文化水平。为了让更多的受众能够认识和了解土壤污染带来的危害和治理修复技术原理，同时能够参与并宣传土壤污染防治工作的重要意义，在坚持科学性和专业性的基础上，有必要把深奥复杂的科学知识和技术以通俗化的形式进行诠释。《图说土壤污染与治理》一书通过漫画表现的形式，主要介绍了土壤基础知识、土壤养分与作物生长、土壤污染知识、农田土壤重金属污染危害以及受污染农田土壤安全利用与治理修复技术等内容，力求达到图文并茂、形象直观、浅显易懂。相信该书的出版，将有助于土壤污染危害和治理的相关知识与技术的科普，提高我国土壤环境保护与污染防治工作的公众参与度。

2022 年 2 月于南京

前　言

　　土壤是地球陆地表面能生长绿色植物的一层疏松物质，是陆地生态系统的重要组成部分。我国土地广阔，自然条件复杂，且开发历史悠久，因此发育形成的土壤类型众多，利用情况多样。认识土壤的基本组成、功能和分布特征，了解土壤养分的类型、循环过程和肥力性能，有助于评价土壤环境质量和农业生产力。

　　随着工矿业、农业、服务业等国民经济产业的快速发展，人类活动过程中产生了大量的污染物进入土壤。2014年的《全国土壤污染状况调查公报》显示，我国土壤环境总体状况堪忧，耕地重金属污染问题突出，以镉（Cd）等重金属为主要污染物。为了更加合理地利用土壤，保护土壤环境质量，提高土壤生产力，需要对土壤污染物来源及其污染途径、类型、特点和危害有所认识，尤其要认识到重金属污染对农业生产安全和人体健康的影响。

　　2016年国务院发布《土壤污染防治行动计划》，计划2020年和2030年受污染耕地安全利用率要分别达到90%和95%以上，同时要加强污染土壤修复适用技术的推广力度。近年来，随着一批农用地土壤污染治理与修复项目的顺利实施，我国已逐步摸索出一系列适合国情的受污染农田土壤安全利用与治理修复技术，土壤污染环境风险得到严格管控，农产品安全得到有效保障。

　　然而，土壤、土壤污染以及土壤污染治理修复相关的知识专业性较强，公众的接受能力较低。如何将严谨而准确的专业知识变得通俗易懂，是公众普及和理性认识土壤污染危害与防治知识的重要途径。为此，我们拟撰写一本关于土壤污染危害和治理的科普读物，把专业的知识转化成为公众能读懂的语言。

　　本书基于已有的理论知识以及课题组多年的研究基础与实践，在原创与二次创作的基础上，利用漫画加文字的解读方式，系统性介绍了土壤基础知识、土壤养分与作物生长、土壤污染知识、农田土壤重金属污染危害以及受污染农田土壤安全利用与治理修复技术。希望本书的完成有助于向社会公众科普土壤污染危害和治理的相关专业知识，提升公众土壤环境保护的意识，共同为人类留下一片"净土"。

本书内容框架由吴龙华研究员拟定和完成，全书由吴龙华统稿。参加撰写工作的主要科研人员、研究生及合作者有：吴龙华（前言、第1~6章），李柱（第1章），周通（第2章），胡鹏杰（第3章），李欣阳、梁芳（第4章），王朝阳、范轶清（第5~6章）。全书的漫画由刘春辰绘制，周通和李欣阳整理与校对，吴龙华修改；中国科学院行政管理局中科科学文化传播发展中心的桂小佩老师等对全文作了通俗化修改。在此，向大家一并致以深深的谢意！

由于作者水平有限，书中不足之处在所难免，敬请各位批评、指正！

作者

2022 年 2 月于南京

目　录

土壤基础知识

1.1 土壤的基本概念

"土，地之吐生物者也"，俗话说，凡是有植物生长的地方都有土壤。土壤是指地球陆地最上面的一层疏松物质，能生长绿色植物。土壤形成是以千年、万年或百万年为单位计算的，俗称"千年龟、万年土"[1]。经历从岩石→岩石风化→母质→土壤等漫长的成土过程，形成过程中受到生物、气候、地形、母质和时间这五大因素影响；人类活动也显著影响土壤的发育过程。土壤由不同大小的矿物质（砂粒、粉粒和黏粒）、有机物质（主要为动物、植物、微生物及其残体腐解产物）、水分、空气和生物等组成，是陆地生态系统的重要组成部分。

通常，为了更好地观察和了解土壤信息，会从地面垂直向下挖掘 1~2 m 深的土壤剖面。完整的土壤剖面，一般可分为腐殖质层（以字母"A"表示）、淋溶层（E）、淀积层（D）、母质层（C）和母岩层（R）。立体的剖面构成了土壤类型基层单元的最小体积单位，称为"单个土体"。"单个土体"聚合在一起则构成"聚合体"，成为一个典型类型的土壤。农业生产关注的通常是 0~20 cm 的表层土壤（图 1-1）。

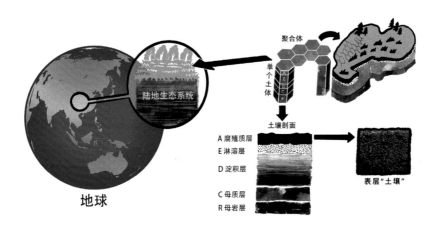

图 1-1 │ 土壤概念图解

1.2 土壤的物质组成

土壤由固相、液相和气相三类物质组成，其中矿物质和有机物质构成的固相约占总体积的 50%，液相（水）和气相（空气）填充的土壤孔隙占另外 50%（图 1-2）。生物体、根和腐殖质分别占有机物质的 10%、10% 和 80%。

土壤矿物包括直接来自母质的原生矿物（指岩石风化或成土过程中发生物理变化，但没有改变化学组成和晶体结构的原始成岩矿物），以及经过长期成土过程形成的次生矿物（指岩石风化或成土过程中新生成的矿物，如次生铝硅酸盐类和氧化物类的黏土矿物）。土壤生物是指一类具有生命力的有机体，包括土壤动物、植物和微生物。土壤生物有机残体经过复杂的转化过程，最终形成一类特殊、复杂、性质较稳定的高分子有机化合物，称为"土壤有机质"。土壤孔隙中的水和气体是生物生存、生长、生化反应、物质能量运移的物质基础和重要媒介（图 1-3）。

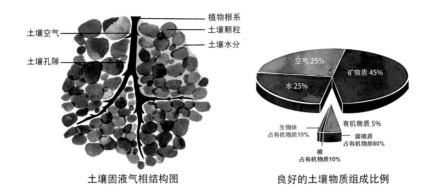

图 1-2 | 土壤固相、液相和气相组成比例示意图

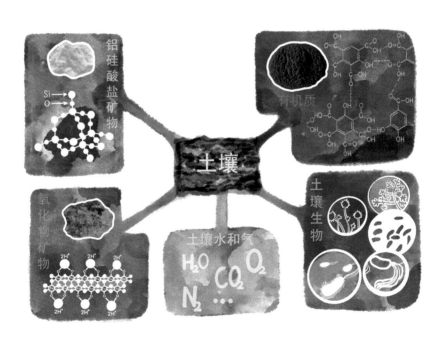

图 1-3 | 土壤主要物质组成示意图

1.3 土壤的功能

土壤具有多方面的功能（图1-4）。首先，土壤是农业生产的基地，具有生产功能；其次，土壤是陆地生态系统物质和能量交换的场所，具有生态功能；第三，土壤可吸纳并缓冲、过滤、降解、固定环境中的污染物，具有环境净化功能；第四，土壤呼吸作用可导致氧气（O_2）由大气进入土壤、二氧化碳（CO_2）由土壤向大气排放，具有气体交换功能；第五，土壤中含有黏土、砂石、矿物等，可用作建筑、制陶的原材料，具有提供建筑、艺术材料的功能；第六，土壤是道路、桥梁、隧道、水坝等建筑物的基地与地基，并具有人类建筑支撑和文物保存功能。

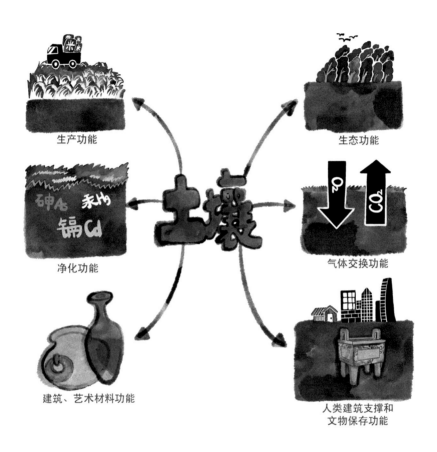

生产功能

生态功能

净化功能

气体交换功能

建筑、艺术材料功能

人类建筑支撑和
文物保存功能

图 1-4 | 土壤的主要功能

1.4 土壤的地带性分布

在土壤成土因素中，生物、气候以及地形因素都有一定的地理规律性，因此土壤类型在地理空间的分布与组合呈现有规律的变化，称之为土壤地带性分布，我国土壤地带性分布包括水平地带性、垂直地带性和区域地带性。

（1）我国土壤的水平地带性

土壤水平地带性包括纬度地带性和经度地带性，主要因水热条件的差异而产生（图 1-5）。

纬度地带性： 我国东部湿润、半湿润区域，表现为自南向北随气温带而变化的规律，自南向北依次为砖红壤、赤红壤、红壤、黄壤、黄棕壤、棕壤、暗棕壤和灰化土。

经度地带性： 我国北部干旱、半干旱区域，表现为随水分而变化的规律，自东向西依次为暗棕壤、黑土、黑钙土、栗钙土、棕钙土、灰钙土、漠土。

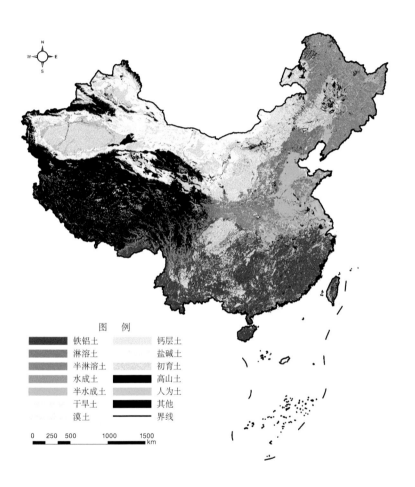

图 1-5 | 我国土壤水平地带性分类概图 [2, 3]

（2）我国土壤的垂直地带性

土壤的垂直地带性主要分布于山区，因海拔的不断升高引起生物气候带的变化，导致土壤类型在垂直梯度上发生变化。通常山地越高，垂直带谱也越复杂，土壤类型也就越多；纬度越高，垂直带谱则越简单。山地自下而上按一定顺序排列形成的垂直自然带系列称之为"垂直带谱"，我国南方的热带、亚热带地区，基带土壤（山体下部的水平地带性土壤）主要为砖红壤、赤红壤和红壤，随着海拔升高逐渐演变成山地黄壤—山地黄棕壤—山地棕壤—山地草甸土（图1-6）。

我国北方的温带、寒温带及高原高寒植被区，基带土壤主要为棕漠土、褐土、灰漠土等，随着海拔升高逐渐演变成山地钙土—山地寒漠土或山地暗棕壤—山地草甸土（图1-7）。

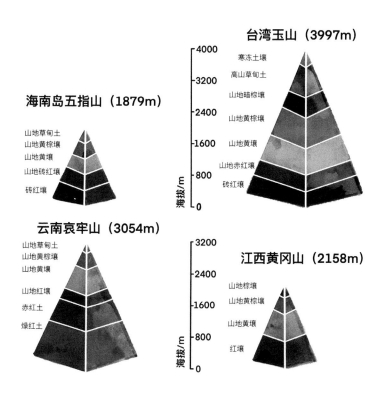

图 1-6 | 我国南方典型地区的土壤垂直地带性分布图 [2, 3]

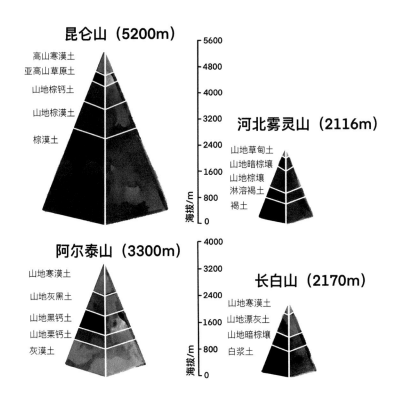

图 1-7 │我国北方典型地区的土壤垂直地带性分布图 [2, 3]

第二章

土壤养分与作物生长

2.1 土壤养分基本概念

土壤养分是由土壤直接或间接提供植物生长所必需的营养元素，包括氮、磷、钾、钙、镁、硫、氯、硼、铁、锰、锌、铜、钼和镍等14种元素。按植物需求量，又可分为"大量元素"和"微量元素"。土壤硅、钠、钴、硒、铝等则是能促进植物生长发育和增产的"有益元素"（图2-1）

图 2-1 | 植物所需的大量、微量和有益元素

2.2 岩石圈中主要元素的比例

地球岩石圈包括地壳和地幔上部，蕴涵着 90 多种自然存在的化学元素，构成了地球上丰富多样的矿产资源，其中氧的比例最高(46.6%)，然后是硅(27.7%)，接下来是铝、铁、钙、钠、钾、镁（均大于 1%）。这 8 种元素占据岩石圈化学成分总量的 98% 以上，其余 80 多种元素只占不到总量的 2%。养分元素中，有益元素硅（27.7%）和铝（8.13%）的质量分数最高，微量元素铁（5.00%）次之，大量元素钙（3.63%）、钾（2.59%）、镁（2.09%）较低（图 2-2）。

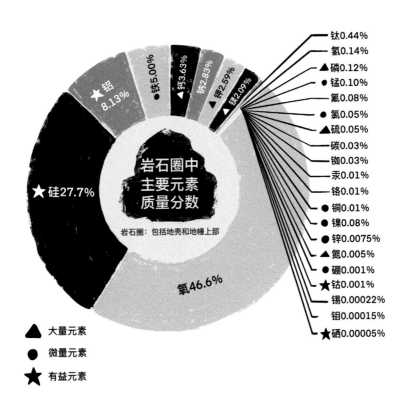

图 2-2 | 地球岩石圈中主要元素的比例 [4, 5]

2.3 中国土壤主要元素的比例

我国土壤中有益元素硅的比例最高（20%~90%），其次是铝（6.62%）和钠（1.02%）。土壤大量元素比例最高的是钙（1.54%）和镁（0.78%），而微量元素则是铁（2.94%）（图2-3）。

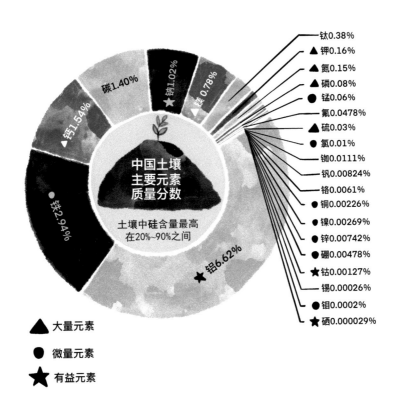

钛0.38%

▲ 钾0.16%

▲ 氮0.15%

▲ 磷0.08%

● 锰0.06%

氟0.0478%

▲ 硫0.03%

● 氯0.01%

铷0.0111%

钒0.00824%

铬0.0061%

● 铜0.00226%

● 镍0.00269%

● 锌0.00742%

● 硼0.00478%

★ 钴0.00127%

锡0.00026%

● 钼0.0002%

★ 硒0.000029%

钙1.54%

碳1.40%

钠1.02%

镁0.78%

铁2.94%

铝6.62%

中国土壤
主要元素
质量分数

土壤中硅含量最高
在20%~90%之间

▲ 大量元素

● 微量元素

★ 有益元素

图 2-3 | 中国土壤主要元素质量的比例 [6, 7, 8, 9]

2.4 地壳物质循环过程

地壳是不断变化的，地壳中元素通过不同过程在生物圈（土壤圈）、大气圈、岩石圈和水圈中周期性循环。岩石圈中元素通过火山喷发或物理化学风化等过程直接进入大气圈、生物圈（土壤圈）和水圈。生物光合作用、降水降尘等过程则可把大气圈中元素转移至生物圈和水圈。生物圈和水圈中元素通过堆积作用固结形成沉积岩，在变质作用下则可形成变质岩，重熔再生作用又可把变质岩转变成岩浆岩，最终回归岩石圈（图 2-4）。

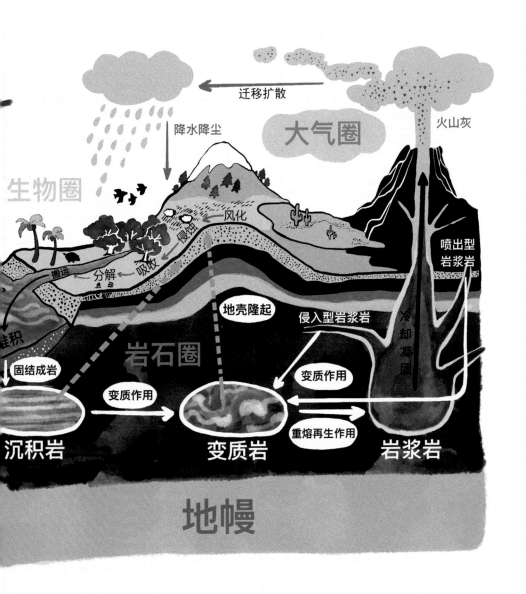

图 2-4 │ 地壳物质循环示意图

2.5 农田土壤养分循环过程

农田生态系统中,养分输入土壤的途径包括肥料施用(化肥、有机肥等)、灌溉、大气沉降和生物固定,以及土壤矿物风化分解、有机质生物分解等过程。同时,土壤养分也可通过植物吸收转运、径流淋溶、生物矿化等途径,从土壤中被缓慢移出(图2-5)。

大气沉降

输入

生物固氮
(如根瘤菌-豆科植物

土壤矿物质

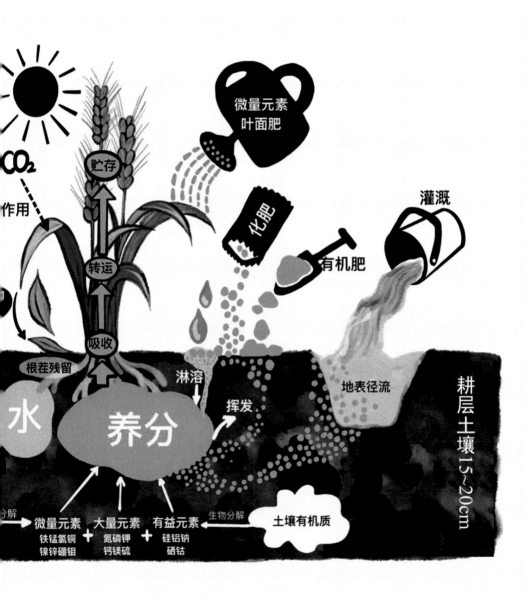

图 2-5 ｜农田土壤养分循环示意图

2.6 植物缺素症状

植物由水分及营养元素组成，植物体内的水分占到 70%~90%，剩下的就是营养元素，然而由于某种原因，有些植物会缺乏某种必要营养元素，称之为"植物缺素"（图 2-6），类似于人类"营养不良"。植物缺素会引起产量和品质下降，相关症状如下。

缺氮：植株瘦弱，老叶先黄，茎细根稀，穗小粒少，落花落果。

缺磷：植株矮小，叶缘变紫，分蘖减少，茎细根弱，花少果迟。

缺钾：生育延迟，叶缘枯焦，茎软节短，穗小粒瘪，果畸易病。

缺钙：叶缘褐枯，心叶凋萎，根短细脆，顶花脱落，茄果易腐。

缺镁：植株矮小，叶脉绿色，脉间斑黄，茎细早衰，坐果率低。

缺硫：生长受抑，幼叶黄化，茎细节短，梢枯根黑，果小形畸。

缺硼：幼叶卷曲，茎脆开裂，根烂心腐，花而不实，落花落果。

缺铁：新叶黄白，老叶仍绿，叶缘上卷，生育延迟，果小穗少。

缺锰：株小节短，叶生褐斑，新芽受抑，根细尖死，果稀易畸。

缺锌：株矮节短，叶片黄化，小叶丛生，成熟延迟，果穗稀疏。

缺铜：新叶黄卷，失绿畸形，顶梢枯萎，树皮冒胶，穗而不实。

缺钼：株畸叶黄，叶肉退化，叶缘卷焦，根瘤少小，棉铃脱落。

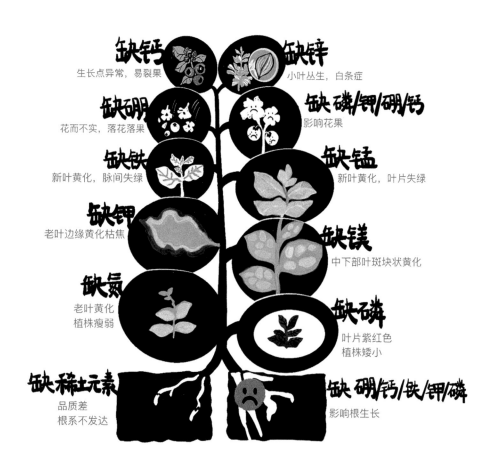

图 2-6 | 植物缺素症状示意图 [10, 11]

2.7 肥料类型简介

"种地不上粪，等于瞎胡混"，植物生长与我们人一样，为了更加健康，需要更好的"食物"来补充更多的营养成分。据统计，中国以占世界7%的耕地养活了世界22%的人口，可以说一半归功于肥料的作用。什么是"肥料"呢？肥料是指提供一种或一种以上植物必需的营养元素，改善土壤性质、提高土壤肥力水平的物质，它们是农业生产的物质基础，一般可分为无机肥料、有机肥料和生物肥料。常用的"无机肥料"包括氮、磷和钾等单质或复合型化学肥料，其养分单一、含量高、肥效快而短；"有机肥料"包括绿肥、人粪尿、厩肥、堆肥等含有大量有机物质的肥料，其养分全、含量低、肥效迟而长；"生物肥料"是既含有作物所需的营养元素，又含有微生物的肥料制品，是生物、有机、无机的结合体（图2-7）。

氮肥

铵态氮：碳酸氢铵、氯化铵、硫酸铵、氨水等

硝态氮：硝酸钾、硝酸钙等

铵态硝态氮：硝酸铵、硝酸铵钙和硫硝酸铵

酰胺态氮：尿素等

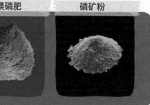

磷肥

水溶性：过磷酸钙、重过磷酸钙等，主要成分磷酸一钙，易溶于水且肥效较快

枸溶性：钙镁磷肥、钢渣磷肥等，主要成分磷酸二钙，微溶于水且肥效较慢

难溶性：磷矿粉、骨粉等，主要成分磷酸三钙，微溶于水，肥效差

钾肥

主要有氯化钾、硫酸钾、草木灰、磷酸一钾（磷酸二氢钾）等

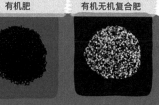

其他

复合肥：由化学或（和）掺混方法制成的含氮磷钾中任何两种或三种的肥料

生物有机肥：经生物物质、动植物废弃物、植物残体加工而来的含碳肥料

复混肥：由化学和（或）掺混方法制成的含多种养分元素的肥料

图 2-7 | 主要无机和有机肥料类型介绍

土壤污染知识概述

3.1 土壤环境容量

土壤环境容量又称土壤负载容量，是指一个特定区域内（如某城市、某耕作区）一定时限内遵循环境质量标准，既保证农产品产量和生物学质量，同时也不使环境污染时，土壤能容纳污染物的最大负荷量。当污染物浓度超过土壤环境容量，土壤环境正常功能就会遭到破坏（图 3-1）。

土壤环境容量与它所处的空间、自然背景值、环境各要素、社会功能、污染物的理化性质以及土壤自身的净化能力等因素有关（图 3-2）。

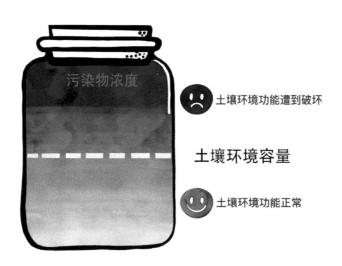

图 3-1 ｜ 土壤环境容量示意图

图 3-2 ｜土壤环境容量的影响因素

3.2 土壤污染物的来源

从呼吸的空气、喝的水到吃的食物，所有生物都依赖于健康的土壤，一旦土壤受到损坏或退化，在人的有生之年将无法将其完全恢复。然而，土壤安危却面临着众多因素的影响。土壤中污染物的来源十分广泛，包括人为污染源和自然污染源。人为污染源主要有工业污染源（废水、废气、废渣等）、农业污染源（污灌、化肥、农药、农膜、畜禽粪便等）和生活污染源（生活垃圾、污水等）三方面。而自然污染源主要发生在重金属地质高背景地区，某些金属矿床是污染重金属及其化合物的富集中心，矿物的自然分解、风化和扩散过程，会导致周围土壤中污染物含量异常偏高（图3-3）。

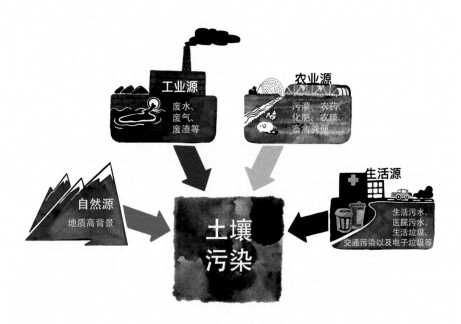

图 3-3 | 土壤污染物来源示意图

3.3 土壤污染的途径

　　土壤污染途径主要有工矿业活动产生的废渣堆放、污水灌溉和大气沉降，农药、化肥、农膜等农用化学品施用，以及生活垃圾、污泥、畜禽粪便等固体废弃物的农业利用（图3-4）。

图 3-4 | 土壤主要污染途径

3.4 土壤污染物类型

土壤中污染物的类型非常多，按照污染物的种类可以归纳为有机污染物、无机污染物、固废污染物、放射性污染物、病原生物污染物、新型污染物和复合污染物等7大类（图3-5）。

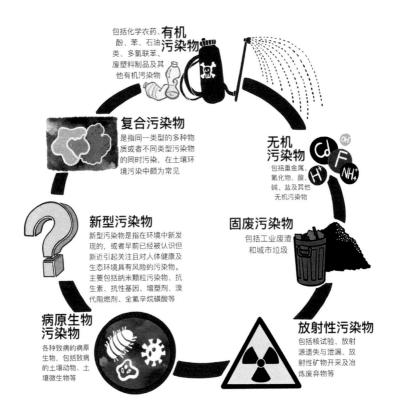

图 3-5 | 土壤中污染物的类型

3.5 土壤污染的特点

水污染和大气污染一般比较直观,例如水体发黑发臭、灰霾,这些可以通过我们的鼻子闻和眼睛看就能感受到。但是土壤污染往往具有三大特点:一是隐蔽性,不同于大气污染或水污染大家都能看见或感觉到,土壤污染通常是"看不见的污染",就是它不明显且不易被人们发现(图 3-6);二是滞后性,即土壤污染是长时间"累积"形成的,从污染问题的发生到被发现可能需要比较长的时间,这导致土壤污染很容易被忽视,加剧了土壤污染的程度;三是持久性,即进入土壤的污染物有些很难或不能被降解,可在土壤中存在上百年甚至更长时间,造成持久性的污染(图 3-7)。这些特征导致土壤污染在没有达到一定量或程度时就不容易察觉且修复的难度极大;一旦形成污染,危害极为严重;治理土壤污染,花费的时间非常长、成本也非常高。

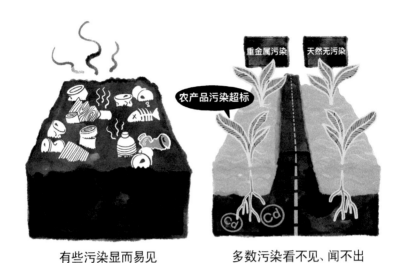

有些污染显而易见　　　　　多数污染看不见、闻不出

图 3-6 ｜ 土壤污染的隐蔽性与滞后性

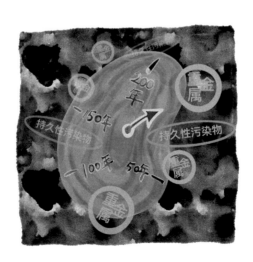

图 3-7 ｜ 土壤污染的持久性

3.6 土壤污染的危害

　　土壤污染首先会造成土壤系统的结构破坏、功能丧失；其次，土壤中污染物通过生态循环进入农作物，造成农作物减产和农产品品质下降，影响粮食安全生产；再次，土壤中污染物还会扩散进入大气、地表水和地下水，导致大气污染、地表水污染、地下水污染等次生生态环境问题；最后，土壤污染会危害人体健康，如果长期暴露在污染环境中或长期食用受污染的农产品，会导致各类疾病发生，这些危害即使不在受污染的第一代受体生命周期内发病，也可能会通过母婴传播至下一代，造成无法估量的危害和损失（图3-8）。

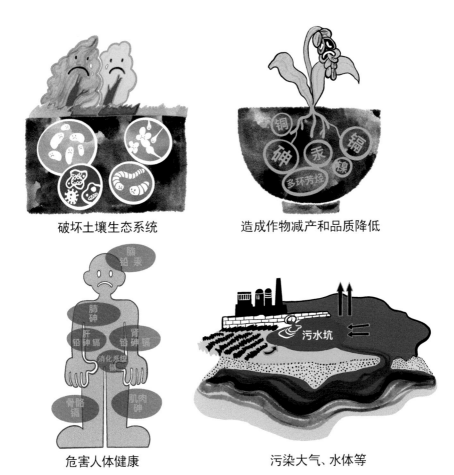

破坏土壤生态系统　　　　造成作物减产和品质降低

危害人体健康　　　　污染大气、水体等

图 3-8 | 土壤污染的危害

3.7 我国土壤污染状况

根据 2014 年《全国土壤污染状况调查公报》，我国部分地区土壤污染较重，耕地土壤环境质量堪忧，工矿业废弃地土壤环境问题突出。工矿业、农业等人为活动以及土壤环境背景值高是造成土壤污染或超标的主要原因。全国土壤总的点位超标率为 16.1%，耕地点位超标率则为 19.4%，主要污染物为镉、镍、铜、砷、汞、铅、滴滴涕和多环芳烃（图 3-9）。

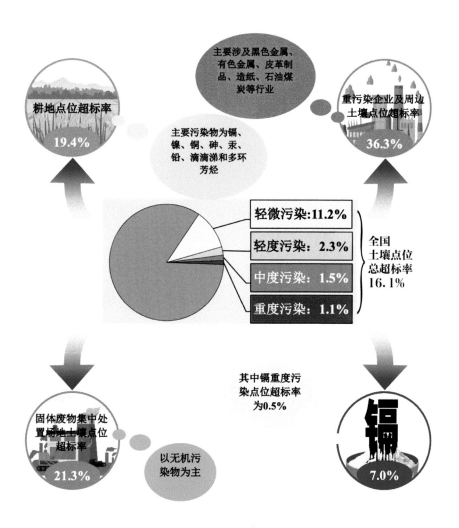

图 3-9 ｜ 我国土壤污染状况[12]

农田土壤重金属污染危害

4.1 农田土壤重金属污染概述

重金属是指密度大于 4.5 g/cm³ 的金属，大约是 45 种，例如铜、铅、锌、铁、汞、钨、镉等。土壤污染物中以重金属较为突出，主要由于重金属不能被土壤微生物所分解，容易积累，部分重金属可转化为毒性更大的化合物。随着社会经济的快速发展，部分地区工矿业产生的重金属以废水、废气、废渣的形式直接或间接进入土壤，人类如果长期食用污染土壤中生产的农产品、饮用含重金属的水源，可导致有害重金属在人体内大量积累，严重危害人体健康。重金属积累到一定程度会对人体造成损伤，如汞对大脑视神经破坏极大，镉会引起心脑血管疾病并破坏骨钙，铅会直接伤害人的脑细胞，造成儿童智力低下和老年痴呆（图 4-1）。

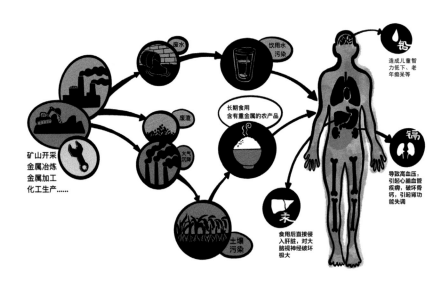

图 4-1 ｜农田土壤重金属污染整体概况

以水稻田为例，长期的重金属污染会影响水稻生长、降低产量和品质，破坏土壤性质，改变土壤生物的群落结构和多样性（图 4-2）。

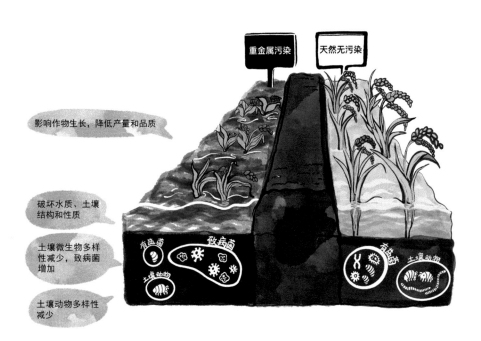

图 4-2 | 重金属污染对稻田生态系统的影响

4.2 重金属污染对土壤微生态的影响

重金属如镉（Cd），对土壤微生物细胞具有致突变效应，引发脱氧核糖核酸（DNA）链断裂，并可与含羧基、巯基的蛋白质分子结合，抑制蛋白质和核酸的合成，对微生物造成生态毒性。当重金属大量进入土壤时，微生物的生长和代谢受到抑制，微生物群落结构被破坏，生物活性和多样性下降，进而影响农田土壤质量以及农作物生长（图4-3）。

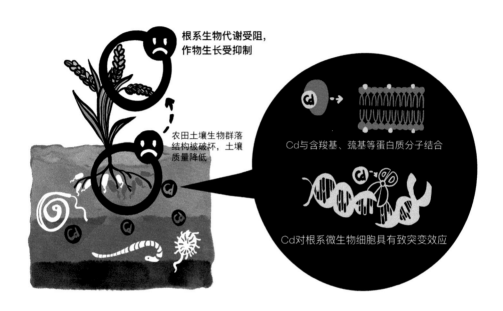

图 4-3 | 重金属污染对农田土壤微生态影响

4.3 重金属污染对农作物生产的影响

健康的土壤才能生产出健康的粮食和蔬菜，造就健康的人群和健康的社会。重金属进入植物体内会产生直接的危害作用，生长在重金属污染农田土壤上的农作物吸收土壤养分同时也会吸收有害重金属，进入农作物的可食用部分，如镉（Cd）一方面会损伤农作物的细胞，抑制农作物的叶绿体光合作用、削弱农作物自身抗氧化能力，进而显著降低农作物产量；另一方面，农作物吸收过量的 Cd 会"抢占"本属于铁（Fe）、锰（Mn）、锌（Zn）等营养元素的位置，导致生产的农作物营养缺失、品质下降，严重危害农作物的正常生长和农业生产（图 4-4）。

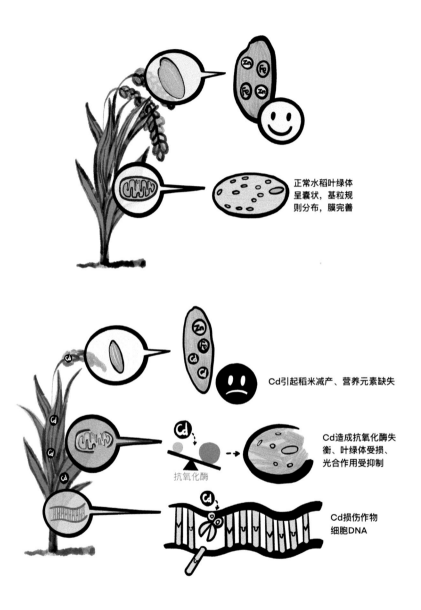

正常水稻叶绿体呈囊状，基粒规则分布，膜完善

Cd引起稻米减产、营养元素缺失

Cd造成抗氧化酶失衡、叶绿体受损、光合作用受抑制

抗氧化酶

Cd损伤作物细胞DNA

图 4-4 | 农田土壤重金属污染影响农作物生产（以水稻为例）

4.4 土壤重金属污染与粮食安全

镉（Cd）等重金属可与农田土壤中铁（Fe）、镁（Mg）和钾（K）等必需营养元素发生竞争等作用，农作物对营养元素吸收量减少的同时，导致其体内重金属吸收量的增加，降低农作物的品质，形成"毒大米"等对人体健康有害的农产品（图4-5）。

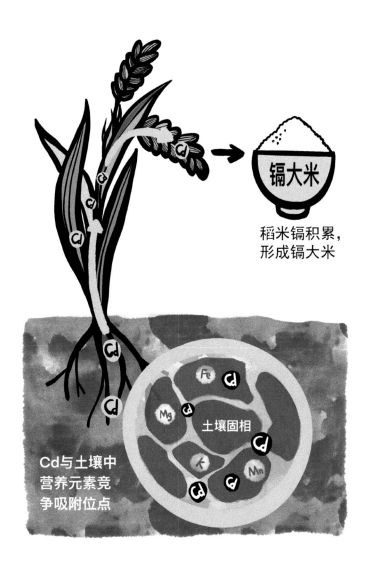

稻米镉积累，
形成镉大米

土壤固相

Cd与土壤中
营养元素竞
争吸附位点

图4-5 │ 农田土壤重金属污染对粮食安全的影响

4.5 土壤重金属污染与人体健康

"农作物—人体"的食物链传输是人体摄入重金属的重要途径，如稻米中 Cd 可通过口腔摄入，进入胃肠消化系统并被部分吸收（图 4-6）。虽然人体主要的解毒器官肝脏与其他排毒器官（如皮肤、大肠、肾脏）可将吸收的大部分 Cd 排出，但过量吸收的 Cd 仍会被储存在脂肪、骨骼、肝脏、肌肉等人体器官与组织中，造成关节疼痛、皮肤病、肠道功能菌群紊乱、神经受损等不良症状，形成骨痛病、青光眼、阿尔茨海默病等一系列疾病（图 4-7）。

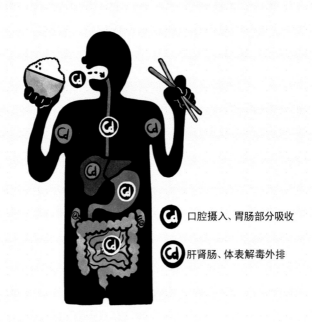

口腔摄入、胃肠部分吸收

肝肾肠、体表解毒外排

图 4-6 | 重金属随食物链进入人体过程示意图

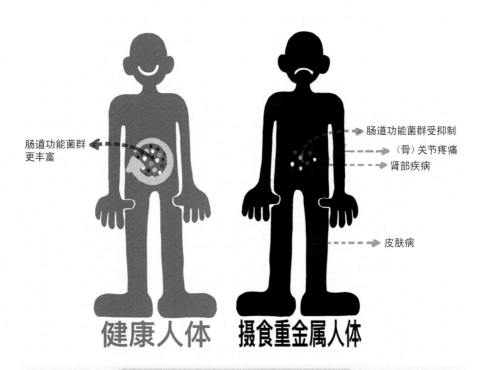

图 4-7 │人体重金属摄入的潜在危害（以 Cd 为例）

第五章

受污染农田土壤安全利用技术

5.1 农艺调控

农艺调控指因地制宜地调整一些耕作管理措施，改变土壤中重金属活性，或者在污染土壤上种植不进入食物链的植物，从而减少或抑制污染物从土壤向作物的转移，特别是可食用部分的转移。

（1）调节土壤水分

通过水分调节可改变污染土壤酸碱性（pH）和氧化还原（Eh 值）状况，降低土壤重金属的有效性和农作物的吸收量，实现安全利用。例如，长时间淹水可降低土壤镉（Cd）的有效性，减少水稻对 Cd 的吸收（图 5-1）。但淹水条件下土壤中另外一个毒害元素砷（As）的有效性会增加，因此水稻全生育期淹水技术不适用于砷污染的农田。

图 5-1 ┃ 水分调控降低水稻镉吸收示意图

（2）重金属低积累农作物品种的筛选与种植

利用同种农作物对重金属吸收和积累的种内差异特性，在同一污染土壤环境条件下开展同一农作物不同品种的种植，测定农作物产量和可食部分重金属浓度，筛选出产量较高且可食部分重金属浓度安全的品种（图5-2），应用到低污染农田，可生产出重金属不超标的粮食或蔬菜。

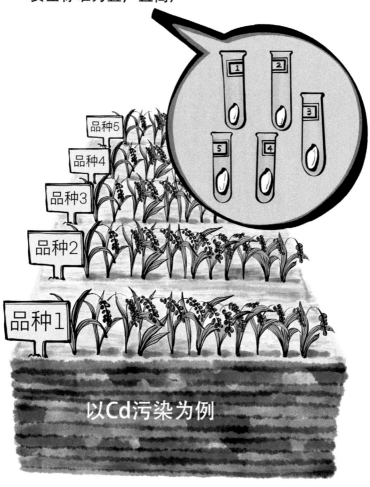

图 5-2 │ 低积累农作物品种筛选和种植示意图

（3）调节土壤酸碱度

通过向酸性的污染土壤中添加碱性材料，提高土壤酸碱度（pH）至 7.0 及以上，改变土壤重金属的转化与释放过程，降低土壤重金属有效性，减少农作物可食部分的重金属积累，实现安全生产。生石灰是农业生产中最常用的 pH 调节材料，主要成分为氧化钙，根据初始土壤 pH 和质地的差异，一亩地每年的生石灰施用量在几十至几百千克不等（图 5-3）。

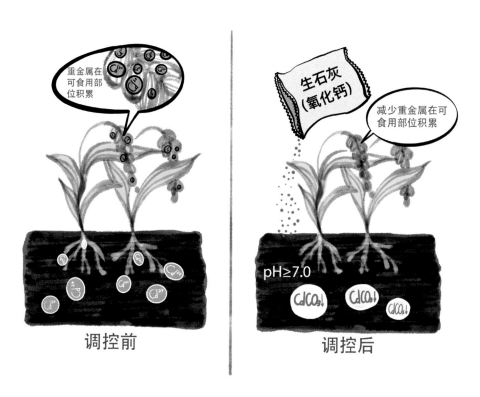

图 5-3 | 土壤 pH 调控对植物重金属积累的影响

5.2 替代种植

利用不同作物对重金属吸收和积累的种间差异特性，在普通作物无法实现安全生产的污染农田上，选育种植可食部分对重金属积累能力相对较弱的作物类型，替代原有的对重金属积累能力相对较强的普通作物。用于替代种植的低积累作物品种应适宜当地气候与土壤环境，且农民的接受程度高（图 5-4）。

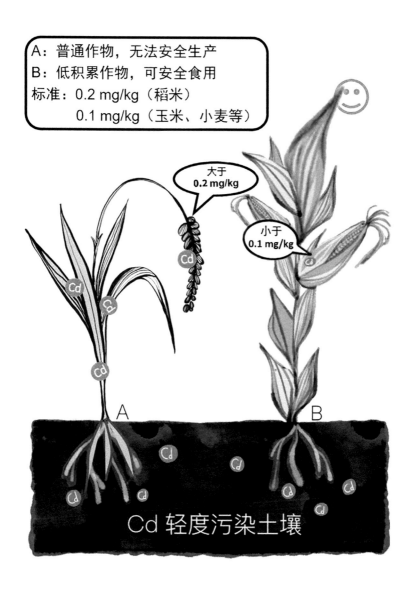

图 5-4 | 替代种植技术示意图

5.3 调整种植结构

在重度污染的"严格管控类"农田土壤上，可食用类农作物通常无法实现安全生产。因此，可在重度污染农田上调整种植非食用经济作物或者花果树木等，切断土壤重金属通过食物链向人体传递的途径，实现污染农田土壤的安全利用。例如，对污染严重、不宜种植食用作物的耕地，改种棉花、桑蚕、苗木花卉等非食用作物，以确保农民收益不受损。非食用经济作物的筛选要因地制宜，并且要有较高的经济价值（图 5-5）。

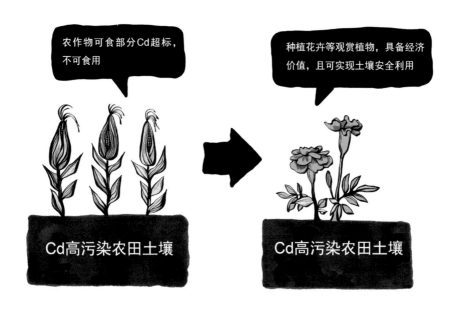

图 5-5 ｜种植结构调整示意图

5.4 生理阻隔技术

通过向农作物的根部或叶面施加锌、铁、钙、锰、硅、硒等必需或有益营养元素，利用离子拮抗效应来抑制农产品对重金属离子的根部吸收、茎叶迁移和可食部分积累的相关生理过程，进而降低农产品中重金属浓度，实现污染土壤的安全利用（图 5-6）。

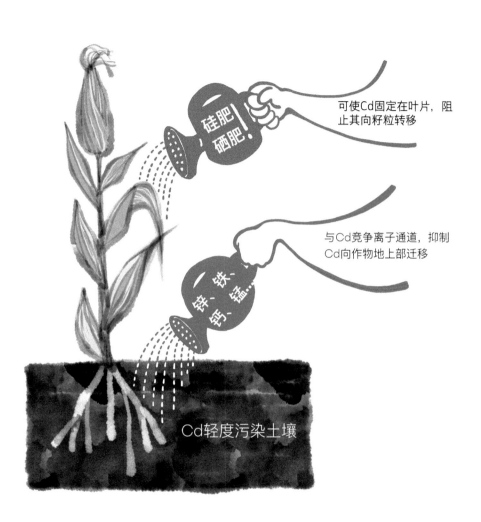

可使Cd固定在叶片，阻止其向籽粒转移

硅肥
硒肥！

与Cd竞争离子通道，抑制Cd向作物地上部迁移

锌·铁·锰…钙

Cd轻度污染土壤

图5-6 | 生理阻隔技术示意图

第六章

受污染农田土壤治理修复技术

6.1 植物吸取修复技术

利用对重金属具有耐性强、吸收能力好的绿色功能植物，如重金属超积累植物或地上部生物量大的高积累植物，从土壤中吸收一种或几种重金属并转移贮存至地上部，通过连续种植且收获植物地上部的方式，将重金属从土壤中逐渐移除，实现污染土壤重金属减量及净化的目标。修复完成后的土壤上可种植可食用农作物，实现安全生产（图 6-1）。

图 6-1 | 植物吸取修复技术示意图

6.2 土壤钝化修复技术

利用钝化修复材料对土壤中重金属产生的吸附、络合、沉淀、离子交换或氧化还原等一系列反应，降低土壤重金属的生物活性或改变它们的形态，调控或降低农作物对重金属积累的能力，实现污染土壤的修复（图6-2）。

图 6-2 ｜ 土壤钝化修复技术示意图

6.3 客土修复技术

客土法修复技术包括覆盖式、排土式、回填式和翻耕式 4 种方式。以覆盖式客土法为例，指在现有污染农田土壤的表面直接覆盖无污染的土壤，以降低农田耕层土壤中重金属浓度，减少植物根系与重金属的接触，实现污染土壤修复（图6-3）。通常覆盖客土层深度约 30 cm，会增加农田表面高度，因此需要对农田的配套设施进行整体规划。

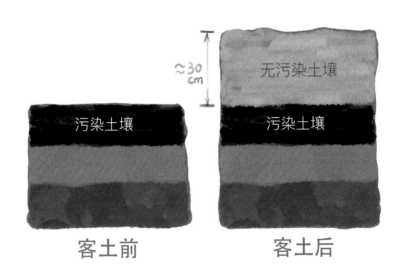

图6-3 │ 覆盖式客土法示意图

6.4 深翻耕法修复技术

依据农田土壤重金属污染程度垂直下降的分布规律，利用大型机械设备对农田 20~30 cm 的土层进行深翻耕与混匀，降低土壤表层聚集的重金属含量，减少农作物在耕作层的重金属吸收量（图 6-4）。

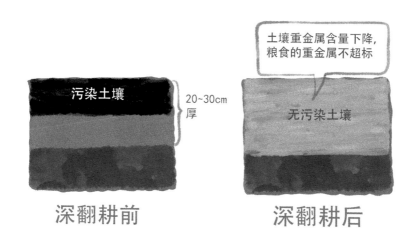

图 6-4 | 深翻耕法示意图

参考文献

[1] 龚子同，张甘霖，张楚，等．土壤：地球的皮肤——从邮文化讲述土壤学的故事．北京：科学出版社，2021.

[2] 李天杰，赵烨，张科利，等．土壤地理学．第3版．北京：高等教育出版社，2004.

[3] 张俊民，蔡凤岐，何同康．中国的土壤．北京：商务印书馆，1995.

[4] Yaroshevsky A A. Abundances of chemical elements in the earth's crust. Geochemistry International, 2006, 44: 48-55.

[5] Bailey R A, Clark H M, Ferris J P, et al. Chemistry of the Environment. 2nd ed. New York, USA: Academic Press, 2002.

[6] 中国环境监测总站．中国土壤元素背景值．北京：中国环境科学出版社，1990.

[7] 农业部．2016年全国耕地质量监测报告．2017.

[8] 鲁如坤．土壤农业化学分析方法．北京：中国农业科技出版社，2000.

[9] 涂书新，郭智芬，孙锦荷．土壤氯研究的进展．土壤，1998, 3: 125-129.

[10] 陆景陵，陈伦寿．植物营养失调症彩色图谱——诊断与施肥．北京：中国林业出版社，2009.

[11] 曾慧珍，许庆胜，徐建生，等．植物缺素症的识别及矫正．现代园艺，2013, 9: 59.

[12] 环境保护部和国土资源部．全国土壤污染状况调查公报．2014.